零碼布變布包

大膽組合 ✕ 趣味玩色更有設計感！

閒暇時，

試著以零碼布縫製可愛的提袋或收納包如何呢？

「還剩下一點點布料，但太可愛了不想丟掉……」

為了讓這些珍愛的零碎布料重生＆獲得運用，

本書收錄了眾多的設計包款，

每件作品都是集結了創作者巧思的精選之作。

手提袋＆收納包，都是每天會用到的生活布物，

能夠自製每日攜帶的隨身物件，應該也是手作的魅力吧！

請你務必親身體驗活用零碼布的樂趣！

CONTENTS

手提袋

將喜歡的布料拼縫組合，完成令人驚喜的時尚手提袋。

讓無法狠心丟棄的布料，成為提袋的一部分，為日常生活增添色彩吧！

除了基本型的托特包之外，也有束口袋＆單肩包等，集結了許多實用的設計包款。

扁平托特包

簡單袋型的托特包，

可由你任意組合布料色塊，享受拼布的樂趣。

袋身尺寸是剛好放得下A4文件的適中大小。

1

2

作法	P.4
設計・製作	November graphic (富田 有希子)

製圖　※除了指定之外，皆外加1cm縫份。

■ 1 材料

A布（素色亞麻布）…50cm寬 30cm
B布（素色棉布）…30cm寬 20cm
C布（素色亞麻布）…10cm寬 10cm
D布（素色亞麻布）…15cm寬 20cm
E布（直條紋棉布）…25cm寬 25cm
裡布（素色棉布）…30cm寬 60cm
接著襯…20cm寬 30cm

■ 2 材料

A布（素色亞麻布）…45cm寬 30cm
B布（素色棉布）…25cm寬 20cm
C布（素色亞麻布）…15cm寬 10cm
D布（直條紋棉布）…30cm寬 15cm
E布（素色亞麻布）…30cm寬 15cm
F布（素色亞麻布）…30cm寬 10cm
裡布（素色棉布）…30cm寬 60cm
接著襯…20cm寬 30cm

■ 事前準備

在提把背面燙貼接著襯。

作法

① 縫製表袋布

（1表袋布的縫製組合）

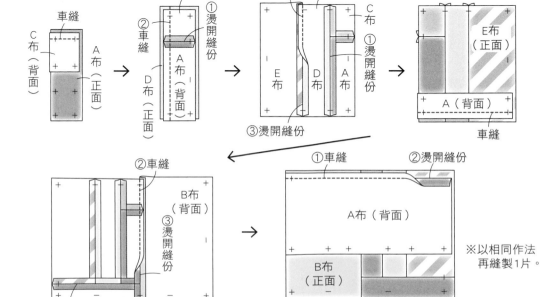

※以相同作法再縫製1片。

1 表袋布
（A至E布·各2片）

2 表袋布
（A至F布·各2片）

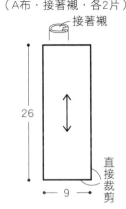

裡袋布（裡布·1片）

提把（A布·接著襯·各2片）

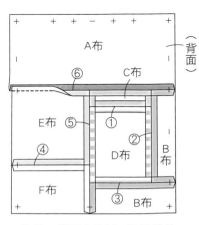

（2表袋布的縫製組合）

※依①至⑥順序縫製，燙開縫份。共縫製2片。

2 縫合表袋布的底部

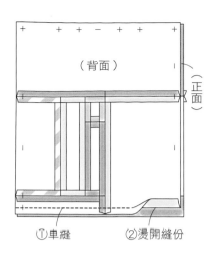

（背面）

（正面）

①車縫　②燙開縫份

3 縫合表袋布的脇邊

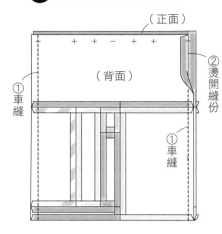

（正面）

（背面）

①車縫

②燙開縫份

①車縫

4 縫合裡袋布的脇邊

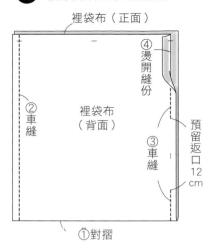

裡袋布（正面）

④燙開縫份

②車縫

裡袋布（背面）

②車縫

③車縫

預留返口12cm

①對摺

5 縫製提把，接縫固定

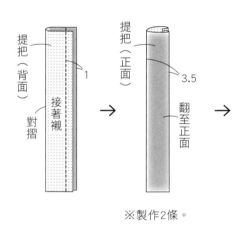

提把（背面）

接著襯

對摺

1

提把（正面）

翻至正面

3.5

※製作2條。

②疏縫

②疏縫

0.5

①將表袋布翻至正面

提把（正面）

表袋布（正面）

6 縫合袋口

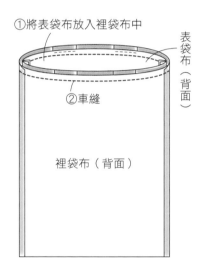

①將表袋布放入裡袋布中

表袋布（背面）

②車縫

裡袋布（背面）

7 翻至正面，縫合返口

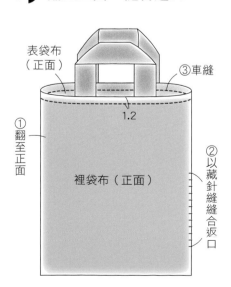

表袋布（正面）

③車縫

①翻至正面

1.2

裡袋布（正面）

②以藏針縫縫合返口

完成

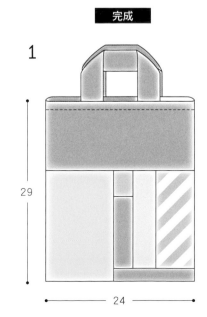

1

29

24

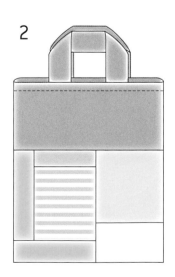

2

水滴形手提袋

使用兩種零碼布的組合，製作圓滾滾外形的可愛手提袋。
選用北歐風的大花紋圖案布，簡單就很美！
接縫的布料比例可依喜好決定。

3

4

5

作法　　　　　P.8

設計・製作　　minekko

底部的尖褶設計，為袋體
增添了蓬鬆感。

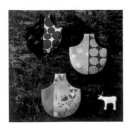

紙型 ※□內數字為須外加的縫份尺寸。
　　　　⬭＝原寸紙型

■ 3・4材料（1個）

A布（印花棉布）…20cm寬 40cm 2片
B布（印花棉布）…20cm寬 40cm 2片
裡布（印花棉布）…70cm寬 40cm
單膠鋪棉…35cm寬 75cm

■ 5材料

A布（素色亞麻布）…15cm寬 40cm 2片
B布（印花棉布）…25cm寬 40cm 2片
裡布（點點棉布）…70cm寬 40cm
單膠鋪棉…35cm寬 75cm

表前袋布（A・B布・各1片）

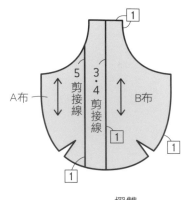

A布 → 5剪接線　3・4剪接線　B布
1

表後袋布（A・B布・各1片）

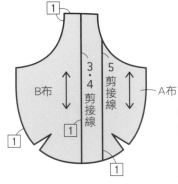

1　B布　3・4剪接線　5剪接線　← A布
1　　　　　　　　　　　　1

摺雙

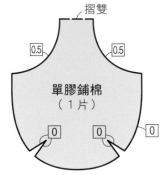

0.5　0.5
單膠鋪棉（1片）
0　0　0

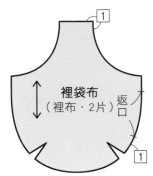

1
裡袋布（裡布・2片）返口
1

作法

◗ 縫製表袋布

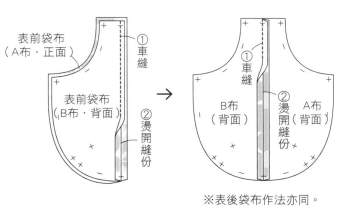

表前袋布（A布・正面）
①車縫
表前袋布（B布・背面）
②燙開縫份

→

①車縫
B布（背面）
②燙開縫份
A布（背面）

※表後袋布作法亦同。

→

①車縫　②燙開縫份
A布（背面）　B布（背面）
A布（正面）　B布（正面）

→

②車縫
①燙貼單膠鋪棉
②於完成線的內側疏縫（此步驟是為了防止棉襯位移，須在完成後拆除疏縫線）
表袋布（背面）

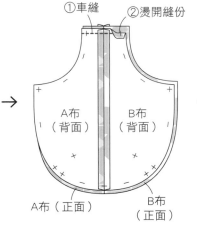

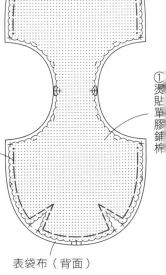

◗ 縫製裡袋布

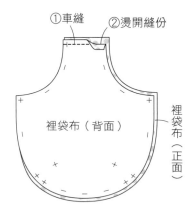

①車縫　②燙開縫份
裡袋布（背面）
裡袋布（正面）

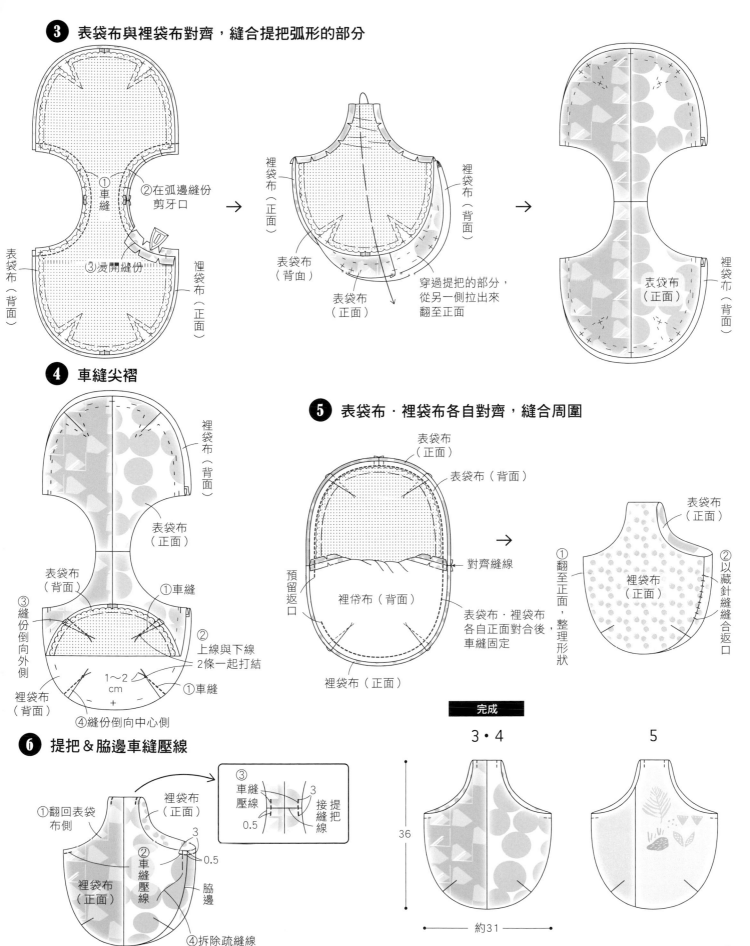

❸ 表袋布與裡袋布對齊，縫合提把弧形的部分

①車縫

②在弧邊縫份剪牙口

③燙開縫份

表袋布（背面）

裡袋布（正面）

裡袋布（正面）

表袋布（背面）

表袋布（正面）

穿過提把的部分，從另一側拉出來翻至正面

裡袋布（背面）

表袋布（正面）

裡袋布（背面）

❹ 車縫尖褶

裡袋布（背面）

表袋布（正面）

表袋布（背面）

①車縫

②上線與下線2條一起打結

③縫份倒向外側

裡袋布（背面）

①車縫

1～2 cm

④縫份倒向中心側

❺ 表袋布・裡袋布各自對齊，縫合周圍

表袋布（正面）

表袋布（背面）

對齊縫線

預留返口

裡袋布（背面）

表袋布・裡袋布各自正面對合後車縫固定

裡袋布（正面）

①翻至正面，整理形狀

裡袋布（正面）

②以藏針縫縫合返口

表袋布（正面）

完成

3・4

5

❻ 提把＆脇邊車縫壓線

①翻回表袋布側

裡袋布（正面）

②車縫壓線

③車縫壓線

3

接縫提把線

0.5

裡袋布（正面）

3

0.5

脇邊

④拆除疏縫線

36

約31

扁平圓提袋

以正方形零碼布接縫而成的圓形提袋。
使用薄丹寧布、格紋、素色布等的組合，
呈現出時髦的風格。

裡布使用活潑的紅色布料，
更顯時尚。
實用的內口袋也必不可少。

6

作法　　　　　P.91

設計・製作　　majam35

圓底水桶托特包

隨機組合零碼布料，
就能作出趣味變化性的圓底提袋。
拎著配色漂亮的零碼布包，
就好像帶著愉快的心情出門一樣。

7

作法	P.14
設計‧製作	Karin (karintofel)

後側又是不同的拼布組合。

圓底設計使內容量足夠充裕。

內側附有口袋。

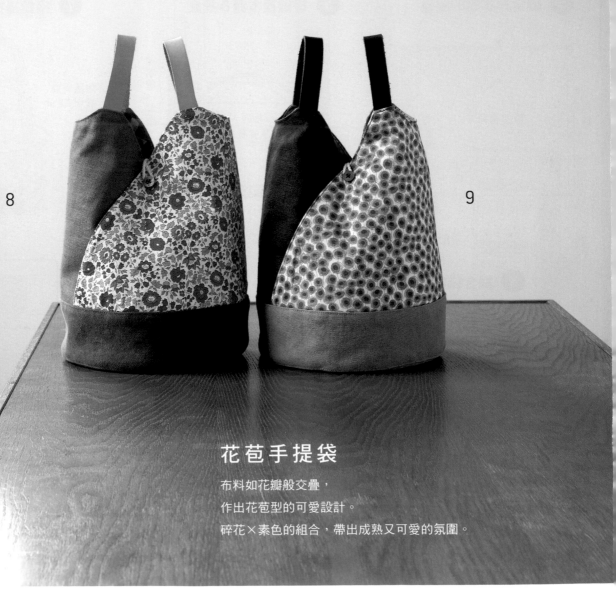

8

9

花苞手提袋

布料如花瓣般交疊，
作出花苞型的可愛設計。
碎花×素色的組合，帶出成熟又可愛的氛圍。

裡布也使用不同花色交錯，豐富視覺的趣味性。
內側附有口袋。

搭配圓底，統一整體設計的圓潤可愛感。

單色大提袋

統一黑色調的零碼布組合，
特製大尺寸托特包。
只要設定好使用同色系的布料，
任何花樣搭配起來都很相稱！
大容量的設計，也很推薦作為媽媽包使用。

10

作法	P.22
設計・製作	Vastra-da：ayu

附有許多內口袋
收納性一級棒！

單提把手拎包

運用數片亞麻布的零碼布組合，
縫製單提把的提籃型手拎包。
白色刺子繡線＆紅色亞麻線的刺繡紋
是簡單又有風格感的小裝飾。
由於使用單膠舖棉，
成品予人鬆軟舒適的印象＆好手感。

11

作法	P.25
設計・製作	tsuhima

底部也是兩種布料的拼接。

內側附有收納口袋。

■ 材料

A・F布（直條紋亞麻布）…各15cm寬 10cm
B・D布（素色亞麻布）…各30cm寬 15cm
C・E布（素色亞麻布）…各25cm寬 20cm
G布（素色亞麻布）…15cm寬 20cm）
裡布（被單布）…50cm寬 40cm
單膠鋪棉…35cm寬 40cm
皮革帶（2cm寬）…6cm
底板（PP板）…18cm×7cm
刺子繡線（白色）
亞麻線・粗（紅色）

製圖　※除了指定之外，皆外加1cm縫份。
※單膠鋪棉不須外加縫份。

表袋布（A至F布・12片
單膠鋪棉・無剪接・1片）

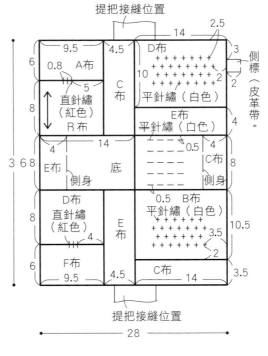

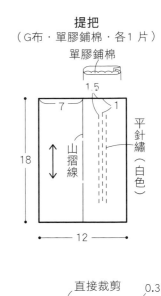

提把（G布・單膠鋪棉・各1片）

裡袋布（裡布・1片）

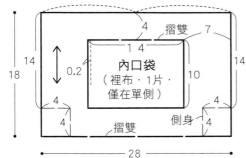

作法

① 縫製表袋布

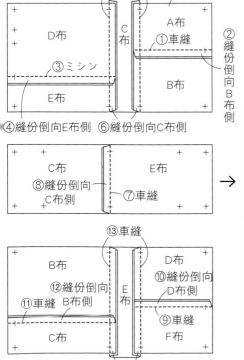

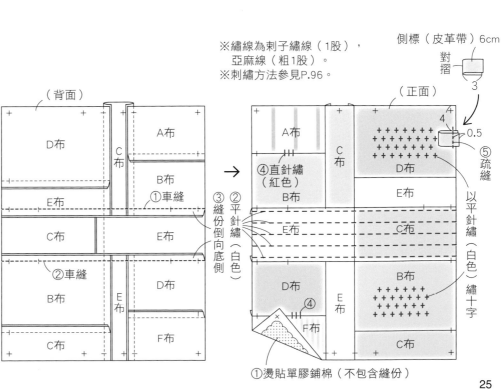

※繡線為刺子繡線（1股），
　亞麻線（粗1股）。
※刺繡方法參見P.96。

2 縫合表袋布的脇邊

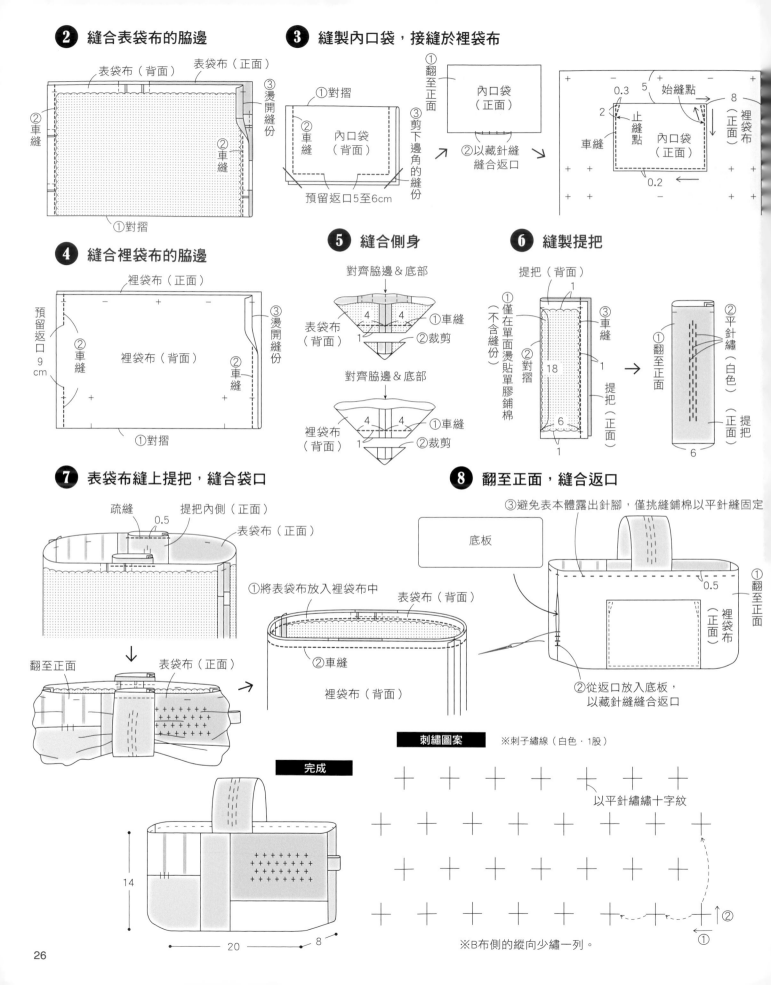

表袋布（背面）　表袋布（正面）
②車縫
③燙開縫份
②車縫
②車縫
①對摺

3 縫製內口袋，接縫於裡袋布

①翻至正面
內口袋（背面）
②車縫
③剪下邊角的縫份
預留返口5至6cm

內口袋（正面）
②以藏針縫縫合返口

0.3　5　始縫點　8
2　止縫點
車縫　內口袋（正面）　裡袋布（正面）
0.2

4 縫合裡袋布的脇邊

裡袋布（正面）
預留返口9cm
②車縫
裡袋布（背面）
②車縫
③燙開縫份
①對摺

5 縫合側身

對齊脇邊＆底部
表袋布（背面）　4　4　①車縫
1　②裁剪

對齊脇邊＆底部
裡袋布（背面）　4　4　①車縫
1　②裁剪

6 縫製提把

提把（背面）　1
①僅在單面燙貼單膠鋪棉（不含縫份）
②對摺　18　③車縫
提把（正面）　1
6　1

①翻至正面
②平針繡（白色）
提把（正面）
6

7 表袋布縫上提把，縫合袋口

疏縫　0.5　提把內側（正面）　表袋布（正面）

翻至正面　表袋布（正面）

①將表袋布放入裡袋布中
表袋布（背面）
②車縫
裡袋布（背面）

8 翻至正面，縫合返口

③避免表本體露出針腳，僅挑縫鋪棉以平針縫固定

底板

0.5
①翻至正面
裡袋布（正面）
②從返口放入底板，以藏針縫縫合返口

完成

14
20　8

刺繡圖案　※刺子繡線（白色・1股）

以平針繡繡十字紋

②
①

※B布側的縱向少繡一列。

12

正方形拼接郵差包

組合羊毛或亞麻面料的零碼小布片，
縫製梯形的郵差包。
拼布作法×手縫皮革提把的搭配，
呈現正式包款的講究風格。

作法	P.28
設計‧製作	minekko
提把提供	INAZUMA

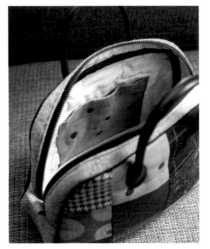

裡袋的縫份以斜布條包覆處理，並
附有小小的內口袋。

側身使用具有質感的人字紋布料，
作成往底部逐漸加寬的設計。

※除了特別指定之外，皆須外加□內數字的縫份。
※單膠鋪棉不須外加縫份。
◯=原寸紙型

紙型・製圖

表本體（A布・24片 / 單膠鋪棉・無剪接・2片）
裡本體（B布・無剪接・2片）

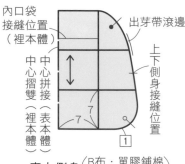

內口袋接縫位置（裡本體）　出芽帶滾邊　上下側身接縫位置

中心摺雙（裡本體）　中心拼接（表本體）

表上側身（B布・單膠鋪棉 各1片）
裡上側身（裡布・各1片）

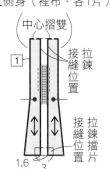

中心摺雙

接縫拉鍊位置
接縫拉鍊擋片位置
1.6　3

內口袋（C布・1片）
11.5　14　1.3　3

提把墊布（裡布・4片）
5.5　4.5　直接裁剪

表下側身（B布・單膠鋪棉・各1片）
裡下側身（裡布・1片）

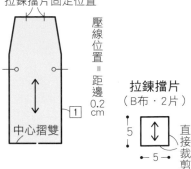

拉鍊擋片固定位置
壓線位置＝距邊0.2cm
中心摺雙

拉鍊擋片（B布・2片）
5　5　直接裁剪

■ 材料

A布（素色棉布、印花棉布、印花羊毛布）…9cm寬 9cm 24片
B布（羊毛布）…30cm寬 50cm
C布（點點棉布）…20cm寬 20cm
裡布（印花棉布）…75cm寬 50cm
單膠鋪棉…60cm寬 50cm
出芽帶…2m
滾邊斜布條（1cm寬）…2m
拉鍊（40cm）…1條
提把（長30cm／INAZUMA／YAH-30 #11黑色）…1組
手縫線（黑色）

■ 事前準備

在表上側身、表下側身的背面燙貼單膠鋪棉。
（不包含縫份）

作法

❶ 縫製內口袋，接縫於裡本體

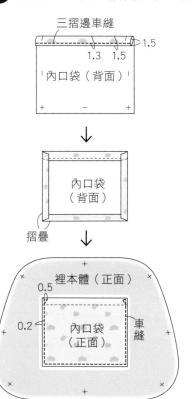

三摺邊車縫
1.5　1.3　1.5
內口袋（背面）
摺疊
內口袋（背面）
裡本體（正面）
0.5　0.2　內口袋（正面）　車縫

❷ 縫製表本體，與裡本體縫合

※準備9×9cm的A布24片

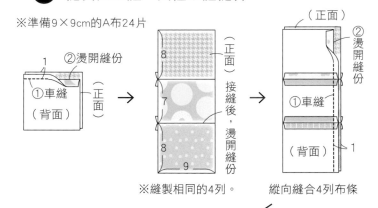

1　②燙開縫份　①車縫（背面）　（正面）
8　7　8　9　接縫後，燙開縫份
②燙開縫份　①車縫　（背面）1
※縫製相同的4列。　縱向縫合4列布條

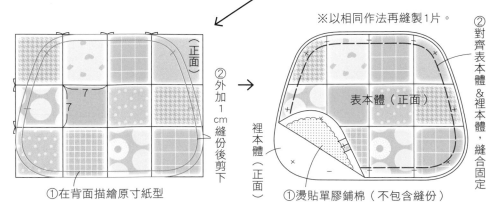

①在背面描繪原寸紙型
②外加1cm縫份後剪下
7　7　（正面）
※以相同作法再縫製1片。
①燙貼單膠鋪棉（不包含縫份）
表本體（正面）　裡本體（正面）
②對齊表本體&裡本體，縫合固定

❸ 本體縫上出芽帶

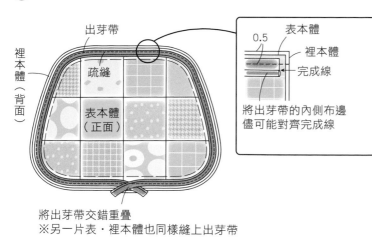

出芽帶
裡本體（背面）
疏縫
表本體（正面）

0.5
表本體
裡本體
完成線
將出芽帶的內側布邊儘可能對齊完成線

將出芽帶交錯重疊
※另一片表・裡本體也同樣縫上出芽帶

❹ 縫合上側身的拉鍊

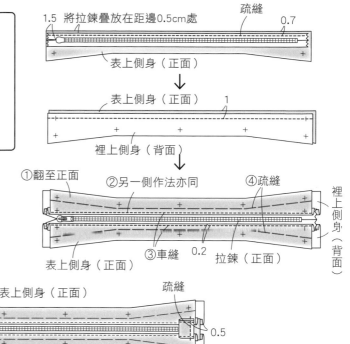

1.5　將拉鍊疊放在距邊0.5cm處　疏縫　0.7
表上側身（正面）

↓

表上側身（正面）　1
裡上側身（背面）

↓

①翻至正面　②另一側作法亦同　④疏縫　裡上側身（背面）
③車縫　0.2　拉鍊（正面）　表上側身（正面）

縫製＆接縫拉鍊擋片

②車縫　1　0.1
拉鍊擋片（背面）
3
0.1　①摺疊

拉鍊擋片（正面）
對摺
2.5
※縫製2個。

→

疏縫　表上側身（正面）　疏縫
0.5　拉鍊擋片（正面）　0.5

❻ 縫合上側身＆下側身

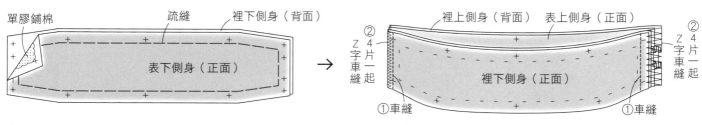

單膠鋪棉　疏縫　裡下側身（背面）
表下側身（正面）

→

裡上側身（背面）　表上側身（正面）
②Z字車縫4片一起
裡下側身（正面）
①車縫　①車縫
②Z字車縫4片一起

縫合本體＆側身

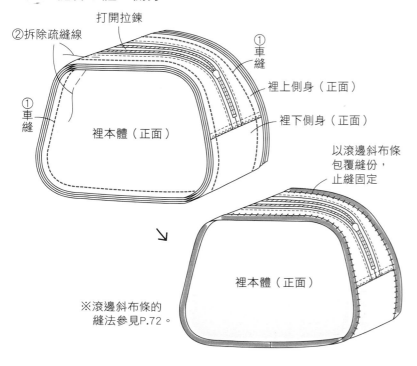

②拆除疏縫線　打開拉鍊
①車縫
裡上側身（正面）
①車縫
裡本體（正面）
裡下側身（正面）
以滾邊斜布條包覆縫份，止縫固定

裡本體（正面）

※滾邊斜布條的縫法參見P.72。

❽ 接縫提把

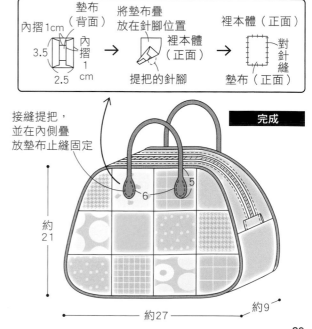

墊布（背面）　將墊布疊放在針腳位置　裡本體（正面）
內摺1cm
3.5　內摺1cm
2.5cm
裡本體（正面）
提把的針腳
對針縫
墊布（正面）

接縫提把，並在內側疊放墊布止縫固定

完成

6　5
約21
約27　約9

附側口袋的托特包

試著以亮紫色的布料為主布，
搭配莓果＆碎花等明亮的零碼布。
兩側加上小口袋的收納設計，
作出實用性極佳的手提包。

內側還有分隔口袋。

13

作法	P.32
設計・製作	Vastra-da：ayu

褶襉托特包

袋身中央有兩處褶襉的梯型提袋。
以茶色系素色＆格紋布料為主要用布，
統一樸實雅緻的印象。
褶襉的部分，則選用碎花布料點綴裝飾。

14

後側片使用不同的布料組合。

作法	P.34
設計・製作	猪俣友紀（neige＋）

■ **材料**

A 布(印花棉麻混紡布)…11cm 寬 11cm 16 片
B 布(素色帆布)…90cm 寬 50cm
裡布(Canvas 素色帆布)…50cm 寬 90cm
接著襯…少許
皮革…6cm 寬 4cm
磁釦(直徑 1.8cm)…1 組
布標(直徑 2.6cm)…4.6cm

紙型・製圖

※除了特別指定之外，皆須外加□內數字的縫份。
⬭ =原寸紙型

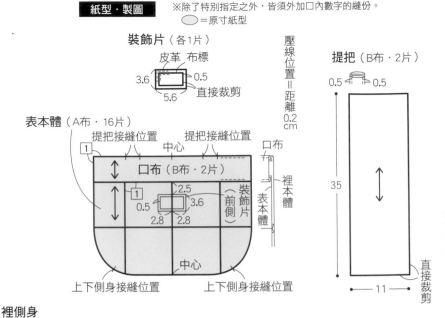

裝飾片（各1片）
皮革　布標
3.6　　0.5
5.6　　直接裁剪

表本體（A布・16片）
提把接縫位置　　提把接縫位置
1　　　　中心　　　　　　口布
口布（B布・2片）
1　　2.5
0.5　　3.6
2.8　2.8
中心
上下側身接縫位置　　上下側身接縫位置

壓線位置＝距離0.2cm

提把（B布・2片）
0.5　　0.5
35
11
直接裁剪

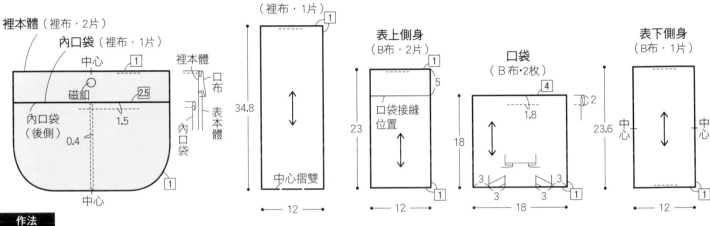

裡本體（裡布・2片）
內口袋（裡布・1片）
中心　　1
磁釦　　2.5
內口袋（後側）　　1.5
0.4
中心

裡本體
口布
表本體
內口袋

裡側身（裡布・1片）
1
34.8
中心摺雙
12

表上側身（B布・2片）
1
5
口袋接縫位置
23
12
1

口袋（B布・2枚）
4　　2
1.8
18
3　3　3　3
3　3
18
1

表下側身（B布・1片）
4
23.6　中心　中心
12
1

作法

❶ 縫製表本體

※A布 11×11cm 16 片

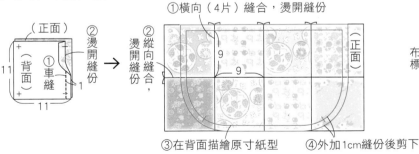

（正面）
②燙開縫份
11　（背面）①車縫
1
11

②縱向縫合，燙開縫份
①橫向（4片）縫合，燙開縫份
9
9
（正面）
③在背面描繪原寸紙型
④外加1cm縫份後剪下
※以相同作法再縫1組。

❷ 在表前本體縫上裝飾片

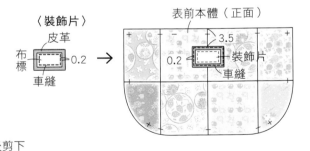

〈裝飾片〉
皮革
布標　　0.2
車縫

表前本體（正面）
3.5
0.2　　裝飾片
車縫

❸ 接縫口布＆表本體

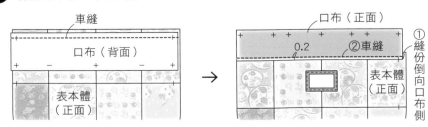

車縫
口布（背面）
表本體（正面）

口布（正面）
0.2　　②車縫
①縫份倒向口布側
表本體（正面）

4 縫製口袋，並接縫於表上側身

①三摺邊車縫
1.8
②2
口袋（正面）
0.5
②摺疊褶襉＆疏縫

表上側身（正面）
0.5
（正面）口袋
（正面）口袋
疏縫

5 縫合表上側身＆表下側身

表上側身（正面）
口袋（正面）
表下側身（背面）
車縫

↓

①縫份倒向表下側身側
表上側身（正面）
表上側身（正面）
表下側身（正面）
0.2
②車縫
③另一側也以相同作法縫合

6 縫合表本體＆表側身

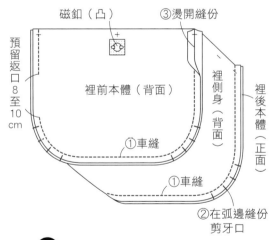

③燙開縫份
表前本體（背面）
表上側身（背面）
表後本體（正面）
①車縫
②在弧邊縫份剪牙口
表下側身（背面）
①車縫

7 縫製內口袋，並接縫於裡後本體

三摺邊車縫
1.5　1.7
0.8
內口袋（背面）

→

裡後本體（正面）
①在背面燙貼單膠鋪棉
②裝上磁釦
3
3
（凹）
④疏縫
③車縫　0.4
內口袋（正面）
0.5

※磁釦的固定方式參見P.96

8 縫合裡本體＆裡側身

磁釦（凸）
③燙開縫份
預留返口8至10cm
裡前本體（背面）
裡側身（背面）
裡後本體（正面）
①車縫
①車縫
②在弧邊縫份剪牙口

9 縫製提把，接縫固定

①摺四褶
提把（正面）
0.5　0.5
②車縫
2.75

※共縫製2條。

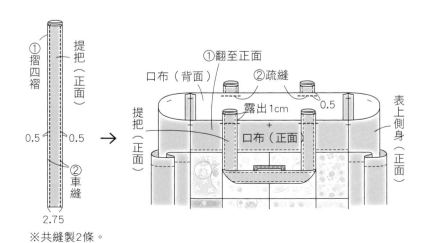

①翻至正面
②疏縫
露出1cm
0.5
口布（背面）
提把（正面）
口布（正面）
表上側身（正面）

10 縫合袋口

①將表本體放入裡本體中
②車縫
口布（背面）
裡側身（背面）
裡前本體（背面）

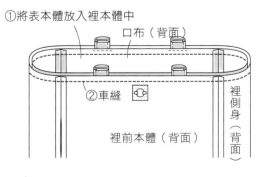

接續P.34

15

四片拼布迷你托特包

四款長條形零碼布排排站，
簡單作小巧可愛托特包！
近距離的短暫外出時，
放入錢包、手機、手帕剛剛好。
或作為便當袋使用也很推薦。

作法	P.37
設計・製作	大河原夏子 (nachic)

■ **材料**

A至D布（印花棉布）…各20cm寬 20cm
E布（Canvas素色帆布）…50cm寬 60cm
裡布（格子棉麻混紡布）…35cm寬 50cm
接著襯…65cm寬 60cm
布標（2.5cm寬）…6cm

■ **事前準備**

在表本體（A至D布）、底布、提把的背面
燙貼接著襯。

製圖　　　　　　※除了指定之外，皆外加1cm縫份。

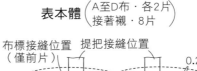
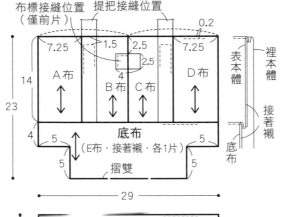
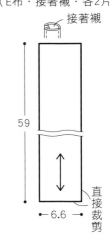

表本體（A至D布・各2片　接著襯・8片）

布標接縫位置（僅前片）　提把接縫位置
0.2
7.25　1.5　2.5　7.25
14　A布　B布 C布　D布　　2.5　4
23
4　5　5　5
底布（E布・接著襯・各1片）
摺雙
29

表本體
裡本體
接著襯
底布

提把（E布・接著襯・各2片）
接著襯
59
6.6
直接裁剪

裡本體（裡布・1片）
23
5　5
摺雙
29

壓線位置＝距邊0.1cm

作法

❶ 縫製表本體

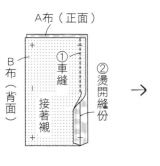
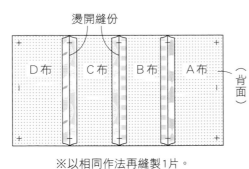

A布（正面）
B布（背面）
①車縫
②燙開縫份
接著襯

燙開縫份
D布　C布　B布　A布（背面）

※以相同作法再縫製1片。

❷ 縫製手把

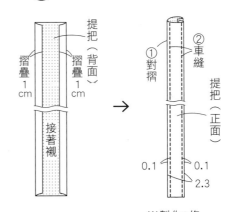

提把（背面）
摺疊1cm　摺疊1cm
接著襯

①對摺
②車縫
提把（正面）
0.1　0.1　2.3

※製作2條。

❸ 接縫提把

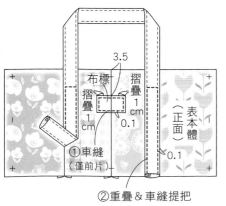

3.5
布標
摺疊1cm　摺疊1cm　0.1
表本體（正面）
①車縫（僅前片）
0.1
②重疊＆車縫提把

❹ 接縫表本體＆底布

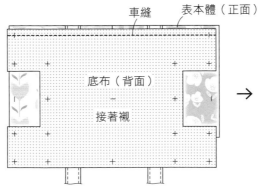
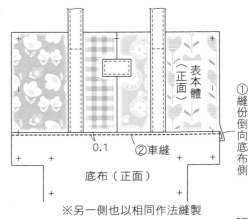

車縫　表本體（正面）
底布（背面）
接著襯

表本體（正面）
①縫份倒向底布側
0.1　②車縫
底布（正面）

※另一側也以相同作法縫製

❺ 縫合表本體的脇邊

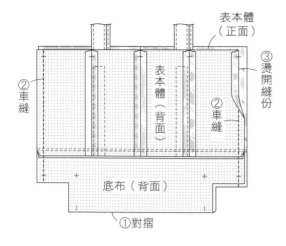

表本體（正面）
②車縫
③燙開縫份
表本體（背面）
②車縫
底布（背面）
①對摺

❻ 縫合裡本體的脇邊

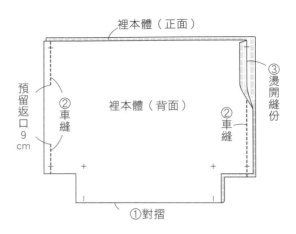

裡本體（正面）
③燙開縫份
預留返口9cm
②車縫
裡本體（背面）
②車縫
①對摺

❼ 縫製側身

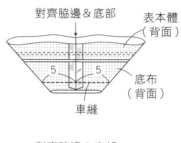

對齊脇邊＆底部
表本體（背面）
5　5
底布（背面）
車縫

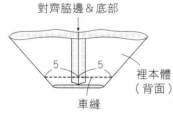

對齊脇邊＆底部
5　5
裡本體（背面）
車縫

❽ 縫合袋口

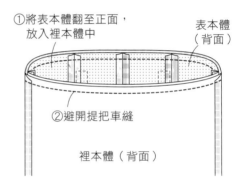

①將表本體翻至正面，放入裡本體中
表本體（背面）
②避開提把車縫
裡本體（背面）

❾ 翻至正面，縫合返口

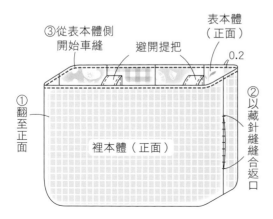

③從表本體側開始車縫
避開提把
表本體（正面）
0.2
①翻至正面
裡本體（正面）
②以藏針縫縫合返口

完成

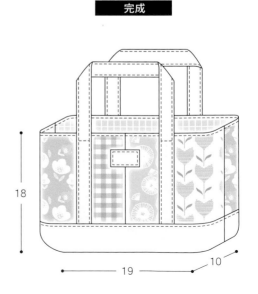

18
19
10

包體全部以正方形布片接縫製成。

作法	P.40
設計・製作	minekko

16

正方形拼接的迷你托特包

斜向拼接正方形的零碼布，
特製出圓滾滾袋型的托特包。
素色麻棉布×直條紋×格子布的搭配，
可見自然樸實之美。

縫合表本體＆表底

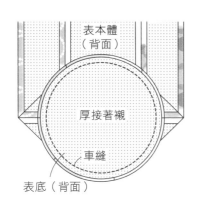

表本體（背面）

厚接著襯

車縫

表底（背面）

⑤ 縫合裡本底的脇邊

③車縫穿繩
通道口的周圍

裡本體
（正面）

0.2

脇邊

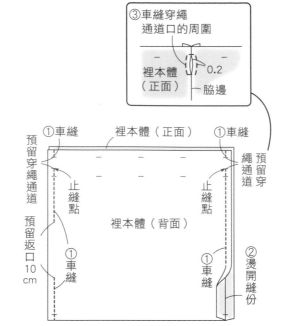

①車縫　　裡本體（正面）　　①車縫

預留穿繩通道

止縫點

繩預留穿通道

止縫點

預留返口
10cm

裡本體（背面）

①車縫

①車縫

②燙開縫份

⑥ 縫合裡本體＆裡底

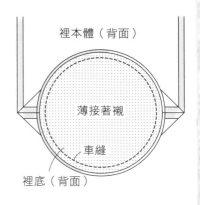

裡本體（背面）

薄接著襯

車縫

裡底（背面）

縫製提把，接縫固定

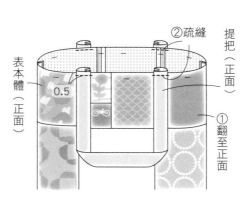

①對摺

提把（背面）

②車縫

薄接著襯

1

翻至正面

提把（正面）

2.5

②疏縫

提把（正面）

表本體（正面）

0.5

表本體（正面）

①翻至正面

※縫製2條。

⑧ 縫合袋口

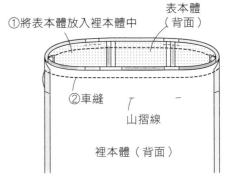

①將表本體放入裡本體中

表本體（背面）

②車縫

山摺線

裡本體（背面）

〈蠟線的穿繩方式〉

完成

⑨ 翻至正面、縫合返口，整理袋口

④提把倒向上側

表本體（正面）

②沿山摺線摺疊袋口

③以藏針縫縫合返口

裡本體（正面）

①翻至正面

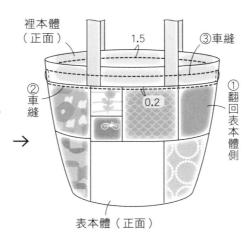

裡本體（正面）

1.5

③車縫

②車縫

0.2

①翻回表本體側

表本體（正面）

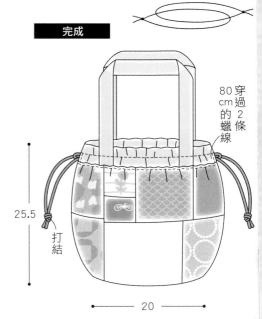

80cm的2條蠟線穿過

25.5

打結

20

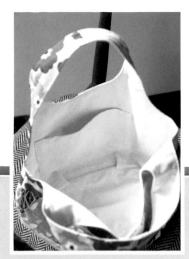

內側附有口袋。
是長皮夾或摺疊傘
都能輕鬆放入的尺寸。

北歐風圓弧形手提袋

可愛感滿分的圓蓬蓬提袋。
選用色彩繽紛的北歐風零碼布，
就像小小的繪本集合，讓人一見就心情愉悅。

作法	P.46
設計・製作	Vastra-da : ayu

18

PART 2

波奇包

波奇包不需要很大片的裡布，使用零碼布就能夠開心製作。
本單元除了基本的拉鍊波奇包，還有口金包＆束口包等，
收錄多種設計包款隨你挑選。

21

袋口摺疊的波奇包

為了突顯可愛的粉嫩碎花布，以粉紅色×薄荷綠布料簡單搭配的波奇包。
因為不須接縫拉鍊，初學者也能無壓力製作。

2種零碼布的組合加倍可愛！

鈕釦式的袋口設計。

作法	P.53
設計	水谷真紀
製作	渋澤富砂幸

■ 材料

A布（印花棉布）…20cm寬 25cm
B布（直條紋棉布）…20cm寬 25cm
裡布（素色棉布）…20cm寬 45cm
接著襯…40cm寬 25cm
木鈕釦（花形2cm）…1個
圓繩（粗0.3cm）…8cm

■ 事前準備

在表袋布（A・B布）的背面燙貼接著襯。

製圖　　※皆外加1cm縫份。

表袋布（A・B布・各1片　接著襯・2片）

繩環（圓繩・後側）

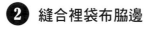

表袋布　裡袋布　接著襯

2
9
20
鈕釦（前側）
側身　4　4
4　4
底
18

裡袋布（裡布・1片）
20
側身　4　4
4　4
庇摺雙
18

作法

1 縫合表袋布脇邊・底部

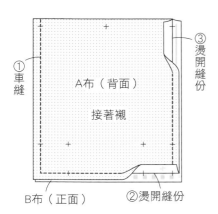

①車縫
A布（背面）
接著襯
B布（正面）
③燙開縫份
②燙開縫份

2 縫合裡袋布脇邊

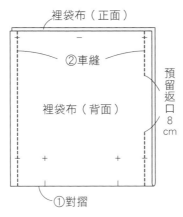

裡袋布（正面）
②車縫
裡袋布（背面）
預留返口8cm
①對摺

3 縫合側身

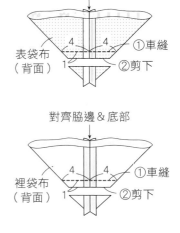

對齊脇邊&底部
表袋布（背面）
4　4
1
①車縫
②剪下

對齊脇邊&底部
裡袋布（背面）
4　4
1
①車縫
②剪下

4 將繩環止縫在表袋布，縫合袋口

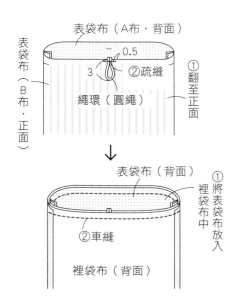

表袋布（A布・背面）
0.5
3
②疏縫
繩環（圓繩）
表袋布（B布・正面）
①翻至正面

表袋布（背面）
①將表袋布放入裡袋布中
②車縫
裡袋布（背面）

5 翻至正面，縫合返口

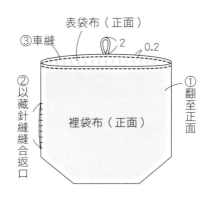

表袋布（正面）
③車縫
2
0.2
①翻至正面
②以藏針縫縫合返口
裡袋布（正面）

完成

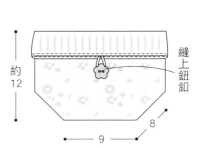

約12
縫上鈕釦
8
9

正方形收納包

圓角的正方形收納包，由五種零碼布組合而成。
尺寸正適合作為化妝包使用。

作法	P.58
設計・製作	midoriko

裡袋身以斜布斜包覆縫份，進行滾邊裝飾，
並附有分格口袋。

迷你方形波奇包

1個包包×2種花色各半，任意配布組合都好看。

糖果、小飾品、隨身日用藥等，通通交給掌上波奇包就OK。

裝上鑰匙圈相當方便！

25

26

27

28

作法	P.61
設計・製作	KATAKULI

■ 材料（1個）
A．B布（印花棉布・針織布・印花亞麻布等）
…各15cm寬 13.5cm
裡布（印花棉布）…15cm寬 25cm
人字帶（2cm寬）…30cm
拉鍊（12cm）…1條
布標（1.5cm寬）…5cm

製圖

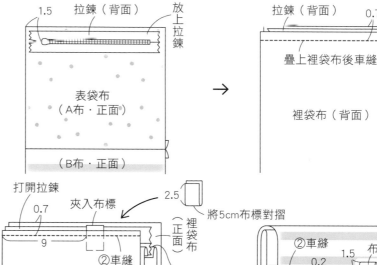

表袋布
（A布・B布・各1片）

13.5

15

直接裁剪

裡袋布
（裡布・1片）

25

15

直接裁剪

作法

❶ 縫合表袋布的底部

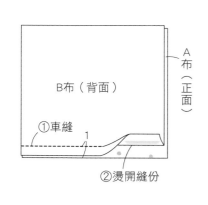

B布（背面）
A布（正面）
①車縫
1
②燙開縫份

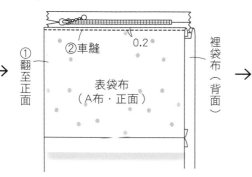

①翻至正面
②車縫
0.2
表袋布（A布・正面）
裡袋布（背面）

❷ 縫上拉鍊

1.5 拉鍊（背面） 放上拉鍊
表袋布（A布・正面）
（B布・正面）

拉鍊（背面） 0.7
疊上裡袋布後車縫
表袋布（A布・正面）
裡袋布（背面）

打開拉鍊
0.7
夾入布標
9
②車縫
表袋布（B布・背面）
①將表袋布、裡袋布各自對摺
裡袋布（背面）
表袋布（A布・背面）
前一步驟的車縫處

2.5
將5cm布標對摺

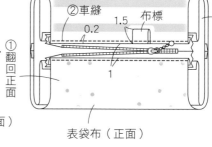

①翻回正面
②車縫
0.2 1.5 布標
1
裡袋布（正面）
表袋布（正面）

❸ 摺疊袋布

②往內收摺重疊
①翻回裡袋布側
裡袋布（正面）

③在中心處夾入拉鍊擋片
拉鍊擋片（2片）
2.5 1
對摺 2
人字帶

❹ 縫合脇邊

打開拉鍊
1 1
車縫 裡袋布（正面） 車縫
測量尺寸＝☆（約6）

完成

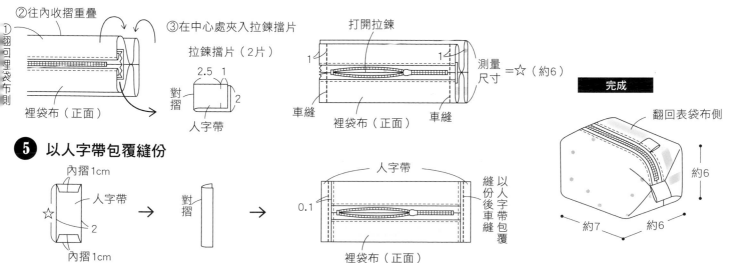

翻回表袋布側
約6
約7 約6

❺ 以人字帶包覆縫份

內摺1cm
人字帶
☆
2
內摺1cm

對摺

人字帶
0.1
縫份後車縫
以人字帶包覆縫份
裡袋布（正面）

29

30

貝殼形波奇包

斜向接縫零碼布條後對摺，
縫上拉鍊就能完成貝殼形波奇包。
掛上流蘇裝飾，時尚度UP！

作法	P.92
設計・製作	komihinata

裡布的花樣也要可愛喔！

作法	P.64
設計・製作	komihinata

裡袋身的縫份以直條紋的斜布
條包覆。

可以掛在包包的提把
邊,方便快速使用。

31

長方形波奇包

薄荷綠點點×直條紋的組合,帶給人深刻印象的長方形波奇包。

附有問號鉤的提繩,可垂掛在提袋邊使用。

4 縫製拉鍊擋片，疏縫固定

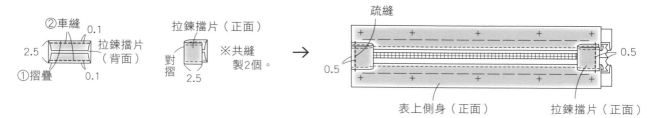

②車縫　0.1
2.5　拉鍊擋片（背面）
①摺疊　0.1

拉鍊擋片（正面）
對摺　2.5
※共縫製2個。

疏縫
0.5
0.5
表上側身（正面）　拉鍊擋片（正面）

5 縫合上側身＆下側身

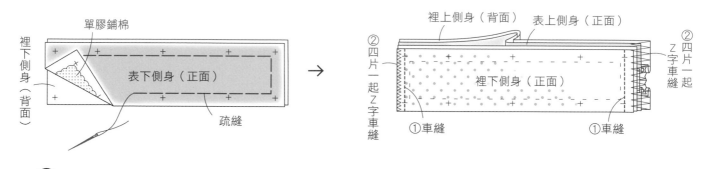

單膠鋪棉
裡下側身（背面）
表下側身（正面）
疏縫

裡上側身（背面）　表上側身（正面）
②四片一起Z字車縫
裡下側身（正面）
②四片一起Z字車縫
①車縫　①車縫

6 縫合本體＆側身

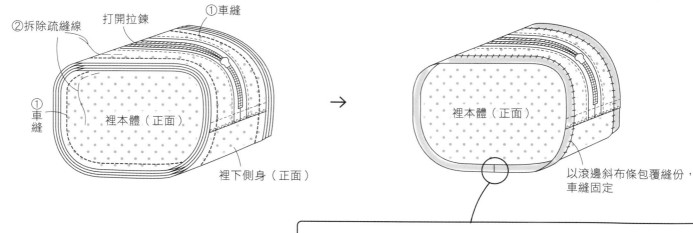

②拆除疏縫線　打開拉鍊　①車縫
①車縫
裡本體（正面）
裡下側身（正面）

裡本體（正面）
以滾邊斜布條包覆縫份，車縫固定

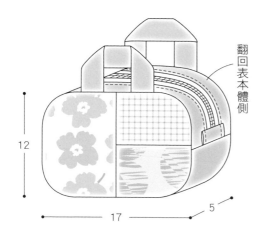

完成

翻回表本體側

12
17
5

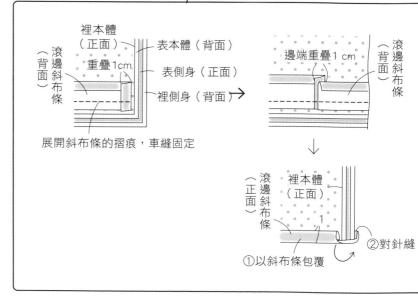

裡本體（正面）　表本體（背面）
滾邊斜布條（背面）
重疊1cm
表側身（正面）
裡側身（背面）
展開斜布條的摺痕，車縫固定

邊端重疊1cm
滾邊斜布條（背面）

滾邊斜布條（正面）
裡本體（正面）
1
①以斜布條包覆
②對針縫

支架口金收納包

因袋口可以充分敞開，大受歡迎的支架口金包。
底部混搭合成皮，
使成品質感更提升一層。

38

後側設計相對簡單。

大開口，方便取放物品超加分！

作法	P.74
設計・製作	猪俣友紀（neige＋）
口金提供	角田商店

梳子＆鏡子也能放入的大尺寸。

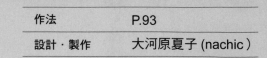

作法　　　　P.93

設計‧製作　　大河原夏子（nachic）

39

大容量波奇包

組合多片色彩繽紛的零碼布，也能縫製出大容量波奇包。

袋型構造簡單，很推薦給初學者。

圓底化妝盒

混搭點點、英文字、直條紋等花樣的零碼布，
縫一個圓筒化妝包吧！
只要選用杏色系的布料，整體的和諧感特別溫柔。

40

上蓋可以完全打開，
拿取或放入物品都很方便。

附有提把，
手拎著走動也OK。

作法	P.78
設計・製作	komihinata

42

41

比目魚束口袋

看著就會不自覺地面帶笑容，
獨特又可愛的比目魚造型束口袋。
似乎變換布料就能作出不同的品種，
請盡情地作出許多趣味性的作品吧！

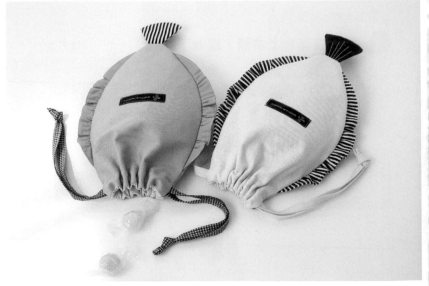

作法	P.82
設計‧製作	musica de monica

在袋口稍微露出裡布色彩的小細節相當可愛。

大容量尺寸，保特瓶等都能輕鬆放入。
也可依喜好調整尺寸。

作法	P.84
設計・製作	KATAKULI

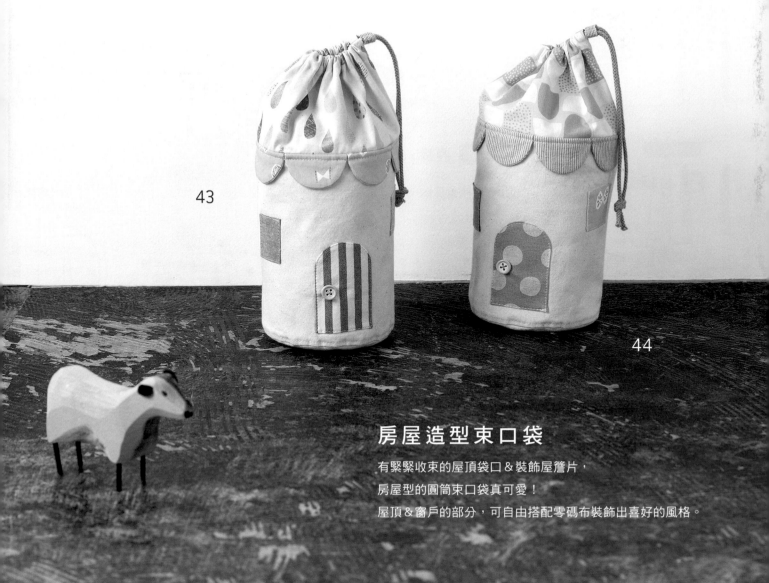

43

44

房屋造型束口袋

有緊緊收束的屋頂袋口＆裝飾屋簷片，
房屋型的圓筒束口袋真可愛！
屋頂＆窗戶的部分，可自由搭配零碼布裝飾出喜好的風格。

作法	P.88
設計・製作	ゆーみちん
口金提供	角田商店

盒蓋可以完全敞開，
內容物一目了然，拿取物品也方便。

45

盒型口金包

使用方便，款式也很時尚的盒型口金包。
蓋面是集合各式各樣的小小零碼布接縫而成。
推薦作為化妝盒使用。

扁平口金包

使用兩種零碼布，就能作出簡單又有設計感的扁平口金包。
這是大約兩個手掌大的尺寸喔！

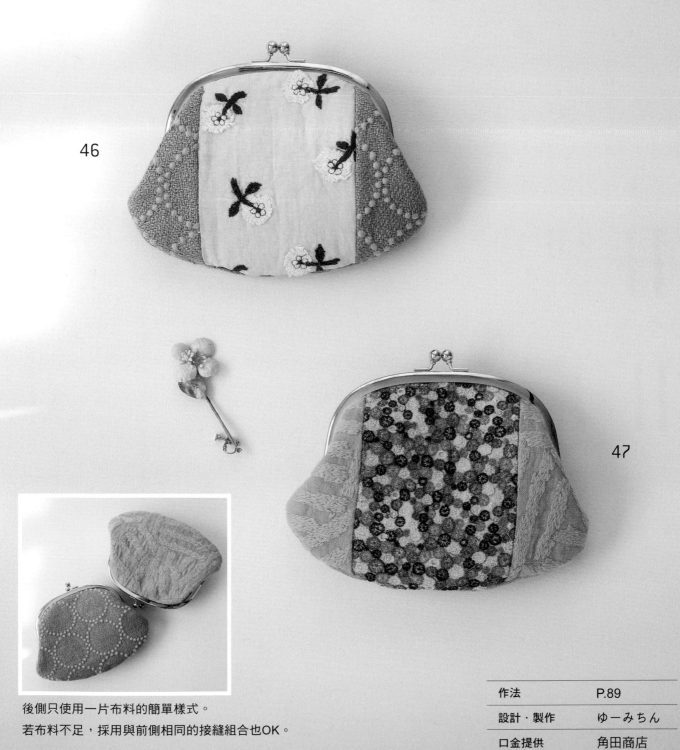

46

47

後側只使用一片布料的簡單樣式。
若布料不足，採用與前側相同的接縫組合也OK。

作法	P.89
設計・製作	ゆーみちん
口金提供	角田商店

■ 材料

A布（刺繡布）…40cm寬 25cm
B布（刺繡布）…10cm寬 5cm
C、D布（刺繡布）…各10cm寬 10cm
E布（刺繡布）…5cm寬 10cm
裡布（印花棉布）…45cm寬 35cm
接著襯（不織布材質）…40cm寬 30m
單膠鋪棉…35cm寬 30m
中厚接著襯…35cm寬 30m
硬襯…20cm寬 25m
口金（寬約18cm×高約9cm／角田商店／
F71／ATS）…1組
紙繩（20號）
手工藝白膠

■ 事前準備

在表袋蓋（B至E布）、表本體的背面燙貼接
著襯。在裡本體的背面燙貼硬襯。

作法

① 縫製表袋蓋

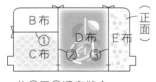

依①至③順序縫合，
燙開縫份

※表袋蓋的剪接線加上□數字的縫份。
※單膠鋪棉不須外加縫份。
　⬭＝原寸紙型

紙型

表袋蓋
（B至E布・接著襯・各1片
　單膠鋪棉・與表本體連接1片
　中厚接著襯・1片）

口金鉚釘對合點　↕ B布 0.8　↕ D布　E布　0.8　直接裁剪
↕ C布 0.8　完成線　口金鉚釘對合點
縫份　縫份

口金尺寸

約9　　約18

表本體
（A布・接著襯・各1片
　單膠鋪棉・與表袋蓋連接1片
　中厚接著襯・2片）

縫份
完成線
剪開　剪開
口金鉚釘對合點　山摺線　口金鉚釘對合點
縫份　直接裁剪

裡袋蓋・裡本體（裡布・1片／硬襯・3片）

直接裁剪
口金鉚釘對合點　裡袋蓋　對接合印記號，合併成1片紙型　口金鉚釘對合點　縫份
裡本體　硬襯 0.3　完成線
0.3
硬襯 0.3
剪開　0.3　剪開
0.3
口金鉚釘對合點　山摺線　硬襯 0.3　口金鉚釘對合點
0.3
縫份　直接裁剪

② 接縫表袋蓋＆表本體

①車縫　②燙開縫份
表袋蓋（背面）
表本體（正面）

①將整體燙貼上單膠鋪棉（不含縫份）
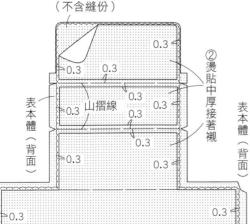
0.3　0.3　0.3　0.3　0.3
②燙貼中厚接著襯
表本體（背面）　山摺線
0.3　0.3　0.3
0.3
0.3　0.3

③ 縫製表本體

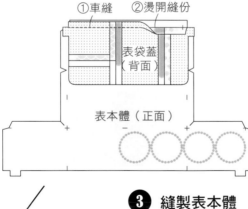
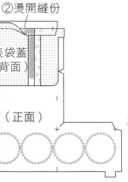

表袋蓋（正面）
表本體（背面）
④摺疊邊角的縫份，以手工藝白膠黏貼固定
③燙開縫份
①依山摺線摺疊　②車縫

④ 縫製裡本體

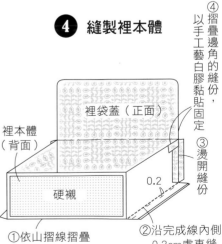

裡袋蓋（正面）
裡本體（背面）
硬襯
0.2
④摺疊邊角的縫份，以手工藝白膠黏貼固定
③燙開縫份
①依山摺線摺疊　②沿完成線內側0.2cm處車縫

❺ 縫合表本體＆裡本體

①將表本體翻至正面，
　裡本體放入表本體中

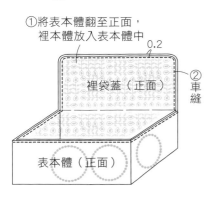

裡袋蓋（正面）
0.2
②車縫
表本體（正面）

❻ 裝接口金

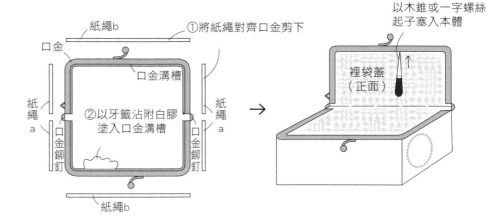

以木錐或一字螺絲
起子塞入本體

①將紙繩對齊口金剪下
紙繩b
口金
口金溝槽
紙繩a
口金鉚釘
②以牙籤沾附白膠
塗入口金溝槽
紙繩a
口金鉚釘
紙繩b

裡袋蓋
（正面）

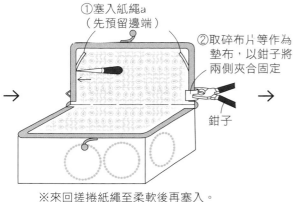

①塞入紙繩a
（先預留邊端）

②取碎布片等作為
墊布，以鉗子將
兩側夾合固定

鉗子

※來回搓捲紙繩至柔軟後再塞入。

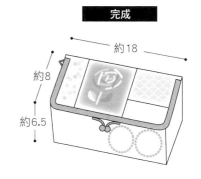

①塞入紙繩a預留的紙繩a邊端
②塞入紙繩b

完成

約18
約8
約6.5

P.87 46・47　　原寸紙型A面

■ 材料

A布（刺繡布）…15cm寬 20cm
B布（刺繡布）…40cm寬 20cm
裡布（素色棉布）…50cm寬 20cm
接著襯（不織布材質）…55cm寬 20m
單膠鋪棉…50cm寬 15m
袋口襯（硬質中厚接著襯）…15cm寬 15m
口金（寬約15cm×高約7cm／角田商店／F10／G）…1組
紙繩（20號）
手工藝白膠

■ 事前準備

在表本體（A・B布）背面燙貼接著襯。

紙型
※除了特別指定之外，皆須外加□內數字的縫份。
◯＝原寸紙型

口金尺寸

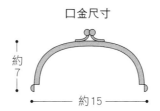

約7
約15

表前本體（ A布・接著襯・各1片
B布・接著襯・各1片
單膠鋪棉・無剪接・1片
袋口襯・1片 ）

表後本體（ B布・接著襯・單膠鋪棉・各1片
袋口襯・1片 ）
裡本體（裡布・2片）

直接裁剪

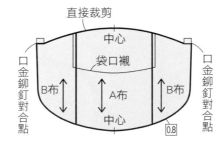

中心
袋口襯
中心
口金鉚釘
B布
A布
B布
口金鉚釘對合點
0.8

直接裁剪

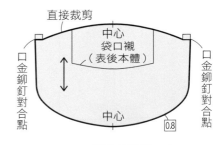

中心
袋口襯
（表後本體）
中心
口金鉚釘對合點
口金鉚釘對合點
0.8

作法

❶ 縫製表本體

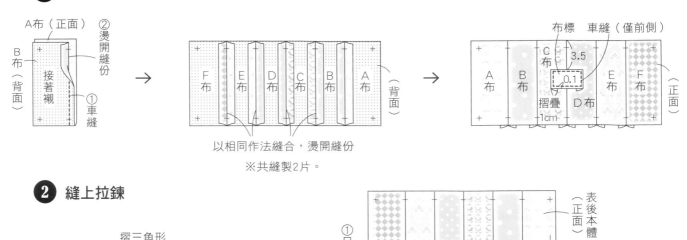

A布（正面）
②燙開縫份
B布（背面）
接著襯
①車縫

→

F布　E布　D布　C布　B布　A布（背面）

以相同作法縫合，燙開縫份
※共縫製2片。

→

布標　車縫（僅前側）
A布　B布　C布　3.5　0.1　E布　F布（正面）（背面）
摺疊1cm　D布

❷ 縫上拉鍊

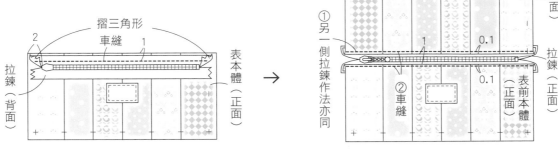

摺三角形
車縫　1
2
拉鍊（背面）
表本體（正面）

→

①另一側拉鍊作法亦同
表後本體（正面）
1　0.1
拉鍊（正面）
②車縫
0.1
表前本體（正面）

❸ 接縫底布＆表本體　❹ 縫合表本體的脇邊　❺ 縫合裡本體的脇邊

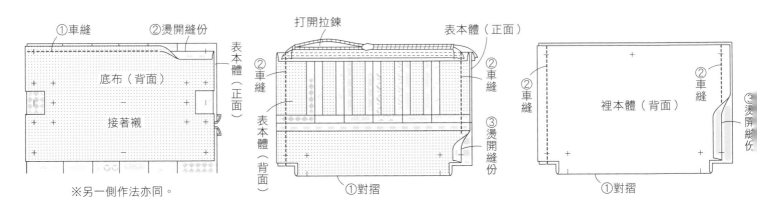

①車縫　②燙開縫份
底布（背面）
接著襯
表本體（正面）

※另一側作法亦同。

打開拉鍊　表本體（正面）
②車縫
表本體（背面）
②車縫
③燙開縫份
①對摺

②車縫
裡本體（背面）
②車縫
③燙開縫份
①對摺

❻ 車縫側身

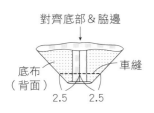

對齊底部＆脇邊
底布（背面）
車縫
2.5　2.5

※裡側身作法亦同。

❼ 接縫裡本體＆表本體

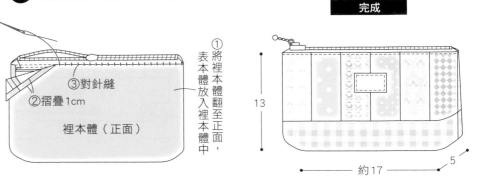

③對針縫
②摺疊1cm
裡本體（正面）

①將裡本體翻至正面，表本體放入裡本體中

完成

13
約17
5

開始製作之前

※本書的製圖＆原寸紙型，有的已含縫份，也有的未包含縫份，請依指示加上縫份再進行裁剪。
※所有製圖、紙型的數字單位皆為cm。
※製圖中標示直接裁剪，意指不需外加縫份，依標記尺寸裁剪即可。

製圖記號

完成線	引導線	摺雙線	山摺線
——	————	————	— —— —
布紋線	鈕釦	拉鍊	車縫線・手縫線
←——→	○	＋	- - - - - - -
等分線・同尺寸標示	褶襉重疊標示		

※布紋線…箭頭方向，指的是布料的縱向紋。

車縫的注意重點

●始縫＆止縫

始縫點＆止縫點都要以回縫加強固定。回縫意指在同一道車縫線上來回縫2至3回。

取0.5至1cm，進行回縫。

（背面）

重疊車縫2至3次。

背面

●邊角的縫法

邊角少縫1針，翻至正面時，邊角就會很漂亮。

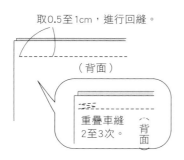

在最後1針入針的狀態下抬起壓布腳，旋轉布料方向。

放下壓布腳，斜縫1針。

在入針的狀態下再抬起壓布腳，旋轉布料方向。

基本的手縫

平針縫

0.3～0.4cm

對針縫
（單邊縫份的縫合方式）

藏針縫
（縫份相對的縫合方式）

0.2～0.4cm

原寸紙型的描圖方式

本書部分作品的紙型，附錄於原寸紙型A・B面中，請依作法頁指示，找到作品對應的紙型，描圖後再使用。

○塗色的部分意指有原寸紙型。

●使用不透光紙張描圖時

將紙型放在欲描圖的紙上，在中間夾入複寫紙，以點線器沿著紙型線複寫。

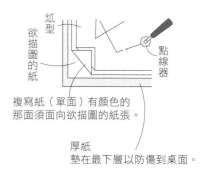

紙型
欲描圖的紙
點線器

複寫紙（單面）有顏色的那面須面向欲描圖的紙張。

厚紙
墊在最下層以防傷到桌面。

●使用透光紙張描圖時

將透光紙張（描圖紙等）放在紙型上，以鉛筆進行描圖。

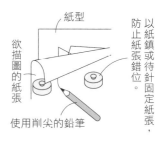

紙型
欲描圖的紙張

以紙鎮或待針固定紙張，防止紙張或待針錯位

使用削尖的鉛筆

★將本書所附的原寸紙型在大桌子或地上展開。
★描在其他紙上再使用。
★合印記號、接縫位置、布紋……所有記號都要一併標示清楚。

「摺雙」的紙型

「摺雙」意指摺半的狀態。先在布料呈對摺狀態下，描繪紙型；再展開布料，紙型自「摺雙」記號翻面，畫上另一半的紙型，再進行裁布。

布（背面）

紙型

摺雙

布（背面）

摺雙 紙型

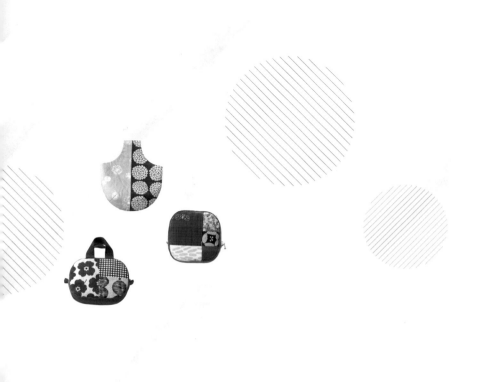

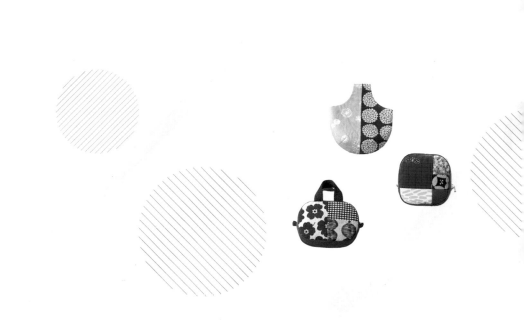